BEI GRIN MACHT SICH IHR WISSEN BEZAHLT

AF139858

- Wir veröffentlichen Ihre Hausarbeit,
  Bachelor- und Masterarbeit

- Ihr eigenes eBook und Buch -
  weltweit in allen wichtigen Shops

- Verdienen Sie an jedem Verkauf

Jetzt bei www.GRIN.com hochladen und kostenlos publizieren

Bibliografische Information der Deutschen Nationalbibliothek:

Die Deutsche Bibliothek verzeichnet diese Publikation in der Deutschen National-
bibliografie; detaillierte bibliografische Daten sind im Internet über http://dnb.d-
nb.de/ abrufbar.

Impressum:

Copyright © 2015 GRIN Verlag, Open Publishing GmbH
Druck und Bindung: Books on Demand GmbH, Norderstedt Germany
ISBN: 9783668238053

Dieses Buch bei GRIN:

http://www.grin.com/de/e-book/324099/schulorientiertes-experimentieren-im-
chemieunterricht-mit-reaktionskinetik

Christoph Höveler

Schulorientiertes Experimentieren im Chemieunterricht mit Reaktionskinetik, Energetik und chemischem Gleichgewicht

Durchführung, fachliche und didaktische Auswertung

GRIN Verlag

GRIN - Your knowledge has value

Der GRIN Verlag publiziert seit 1998 wissenschaftliche Arbeiten von Studenten, Hochschullehrern und anderen Akademikern als eBook und gedrucktes Buch. Die Verlagswebsite www.grin.com ist die ideale Plattform zur Veröffentlichung von Hausarbeiten, Abschlussarbeiten, wissenschaftlichen Aufsätzen, Dissertationen und Fachbüchern.

Besuchen Sie uns im Internet:

http://www.grin.com/

http://www.facebook.com/grincom

http://www.twitter.com/grin_com

Block 7: Reaktionskinetik, Energetik, chemisches Gleichgewicht, 27.11.2014

Inhalt

Einfluss auf Reaktionsgeschwindigkeit

„V1   Geben sie in drei Reagenzgläser mit etwa gleichen Portionen an Calciumcarbonat a) als Pulver, b) gekörnt und c) in Stücken jeweils 5 mL Ameisensäure-Lösung, c = 1 mol/L. Leiten Sie das entstehende Gas bei a) in Kalkwasser.

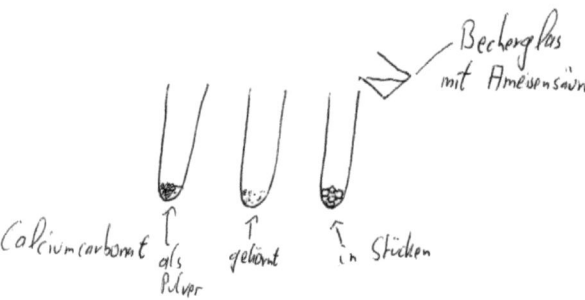

V2   Versetzen Sie gekörnten Kalk mit Ameisensäure-Lösung der Konzentration a) c = 1 mol/L und b) c = 0,5 mol/L.

V3   Geben Sie in einen 250-mL-Erlenmeyerkolben 8 g gekörnten Marmor und stellen Sie den Kolben auf eine Waage. Messen Sie in einem Messzylinder 50 mL Ameisensäure-Lösung, c = 1 mol/L, ab, stellen Sie diesen ebenfalls auf die Waage und tarieren Sie die Waage auf Null. Geben Sie in einem Guss die Ameisensäure zum Marmor und stellen Sie den Messzylinder sofort wieder auf die Waage. Lesen Sie in Zeitabständen von jeweils 30 s die Massenanzeige ab.

V5   Formen Sie ein etwa 12 cm langes Magnesiumband zur Spirale, befestigen Sie es in einer Plastillinkugel und geben Sie es in ein großes Reagenzglas mit seitlichem Ansatz, an den ein Kolbenprober angeschlossen wird. Fügen sie 50 mL Ameisensäure-Lösung, c = 0,5 mol/L, zu und verschließen Sie sofort mit einem gut dichtenden Stopfen. Notieren Sie die Zeiten, die jeweils bei einer Volumenzunahme von 5 mL verstreichen."[1]

---

[1] Tausch, Sek. 2, Seite 32

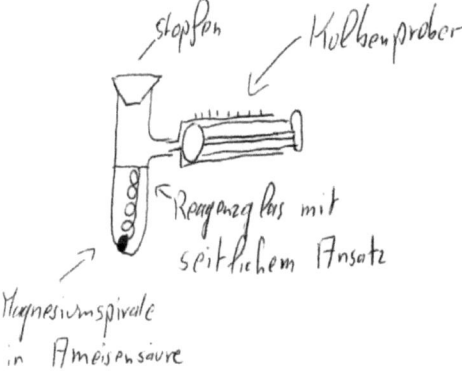

Beobachtungen

V1 Gibt man die Ameisensäure in das Reagenzglas mit dem Calciumcarbonat-Pulver schäumt es heftig auf. Es entsteht sehr viel Gas, welches eingeleitet in Kalkwasser, dieses milchig-trüb werden lässt.

Die Reaktion der Ameisensäure mit dem gekörnten Calciumcarbonat verläuft immer noch unter starker Gasentwicklung, jedoch ist diese deutlich schwächer als beim Pulver.

Gießt man Ameisensäure auf mit dem Hammer zerkleinerten Marmor, so kann man eine leichte Gasentwicklung auf der Oberfläche des Marmors beobachten.

V2 a) siehe unter V1

b) Die Reaktion zwischen der schwächer konzentrierten Ameisensäure und dem gekörnten Calciumcarbonat verläuft wesentlich schwächer. Es entstehen kaum Gasblasen.

V3 Bei der Reaktion entstand ein Gas. Die tarierte Waage begann einen negativen Wert anzuzeigen.

Zeit in Sekunden	0	30	60	90	120	150
Masse in Gramm	0	-0,045	-0,100	-0,149	-0,193	-0,230

180	210	240	270	300	330	360
-0,269	-0,299	-0,326	-0,352	-0,382	-0,404	-0,425

V5   Am Magnesiumband war eine starke Gasentwicklung zu beobachten. Der angeschlossene Kolbenprober wurde herausgedrückt. Gestartet wurde zum Zeitpunkt 0 Sekunden und 0 mL.

Volumenzunahme in mL	5	10	15	20	25	30	35	40	45
Zeit in Sekunden	29	80	98	136	173	203	234	270	310

50	55	60	65	70	75	80	85
344	380	422	465	505	550	590	637

Fachliche Auswertung

Ameisensäure, auch Methansäure genannt, reagiert mit Calciumcarbonat wie folgt:

$$2 \ HCOOH \ (aq) + CaCO_3 \ (s) \rightarrow Ca(HCOO)_2 \ (aq) + CO_2 \ (g) + H_2O \ (l)$$

Die Kalkwasserprobe weist das entstandene Kohlenstoffdioxid nach.

$$Ca(OH)_2 \ (aq) + CO_2 \ (g) \rightarrow CaCO_3 \ (s) + H_2O \ (l)$$

Das gebildete Calciumcarbonat ist schwerlöslich. Es kommt zur Ausfällung, was eine Trübung der Lösung verursacht.

V1 zeigt deutlich, dass mit wachsendem Zerteilungsgrad die Reaktionsgeschwindigkeit zunimmt. Diese lässt sich auch, wie in V2 gezeigt, über eine Konzentrationsänderung steuern. Je stärker Konzentriert die Verwendete Säure ist, desto heftiger verläuft die Reaktion.

Die Reaktionsgeschwindigkeit lässt sich auch mithilfe des Drucks, der Temperatur und durch Katalysatoren beeinflussen.

Als Reaktionsgeschwindigkeit bezeichnet man die Konzentrationsabnahme der Edukte, beziehungsweise die Konzentrationszunahme der Produkte. Nach der Stoßtheorie müssen die Edukte zusammenstoßen um zu reagieren. Bei einem Feststoff können nur die Teilchen an der Oberfläche reagieren. Je größer die Oberfläche ist, desto mehr Teilchen können gleichzeitig reagieren. Bei der Reaktion mit Kalk erkennt man, dass die Reaktionsgeschwindigkeit allmählich abnimmt, da die Konzentration der Edukt-Teilchen weniger wird. Für eine bimolekulare Reaktion gilt:

$v_r = k* \ c(A) * c(B)$

4

In dieser Gleichung ist k die Geschwindigkeitskonstante, welche für jede Reaktion unter bestimmten Bedingungen einen charakteristischen Wert hat.[2]

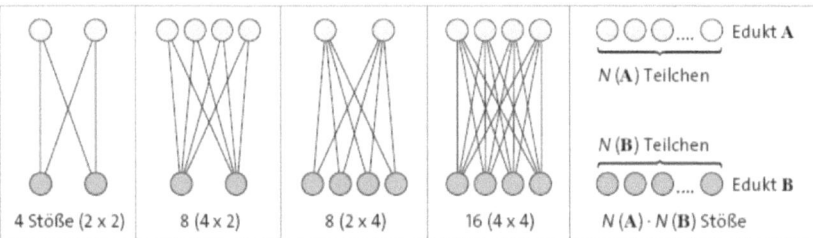

B3 *Modelle und Modellrechnungen zur Abhängigkeit der Anzahl der möglichen Stöße von der Anzahl der Edukt-Teilchen in einem bestimmten Volumen*
[3]

In V3 und V5 bedienen wir uns der Gravimetrie um den Fortschritt einer Reaktion sichtbar zu machen. Die Gravimetrie ist eine klassische Analyse-Methode, die auf Klaproth (1743 – 1817) und Berzelius (1779 – 1848) zurückgeht. Es sind keine kalibrierten Geräte notwendig, da es ein Absolut-Verfahren ist und somit auch damals schon eine sehr hohe Präzision lieferte. Als Nachteil erweist sich jedoch die Zeitdauer, die eine Messung in Anspruch nimmt.[4]

Wir machen uns bei unserer Messung den Massenerhaltungssatz von nutzen. Dieser besagt das in bei einer Reaktion die Gesamtmasse unverändert bleibt. Da wir eine Massenabnahme bei unseren Versuchsaufbau verzeichnen, müssen wir davon ausgehen das ein Produkt als Gas entweicht. Dies zeigt sich bereits beim Blick auf die oben aufgeführte Reaktionsgleichung.

[2] Vgl. Tausch, Sek 1 , Seite 33
[3] Tausch, Sek 2 , Seite 32
[4] http://www.mnf.uni-greifswald.de/fileadmin/Biochemie/AK_Scholz/Mitarbeiter/aktuell/Heike/Lehre/ GRAVI_ss13.pdf Zugriff am 28.November.2014

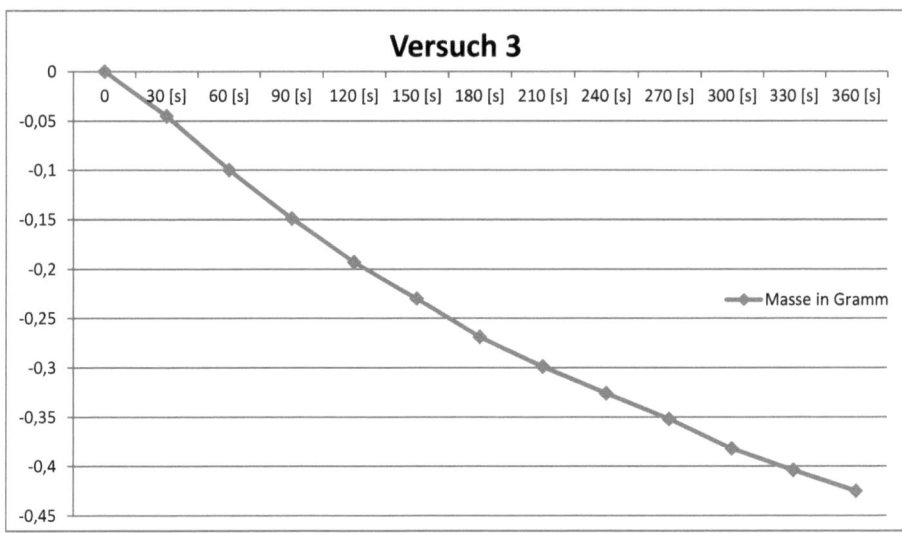

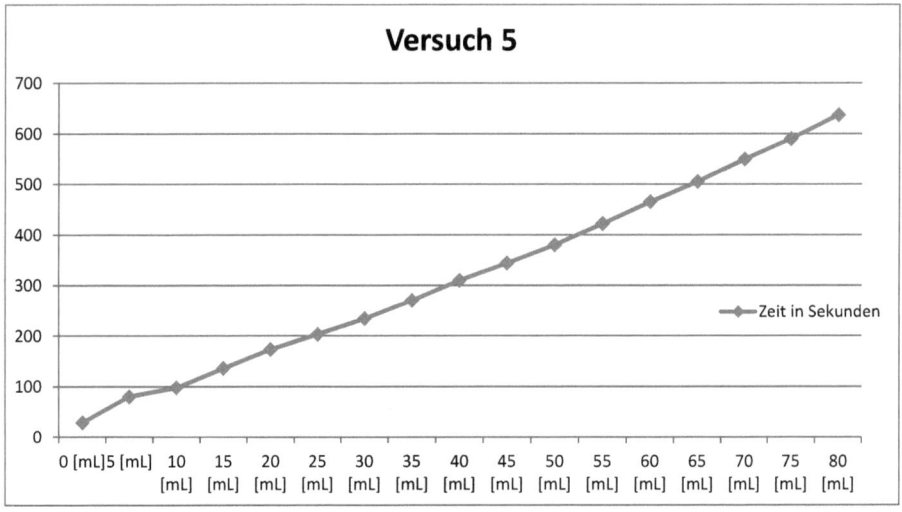

Wie an den beiden Diagrammen zu erkennen, sind die Reaktionen noch lange nicht vollständig abgelaufen. Eine deutliche Abnahme der Reaktionsgeschwindigkeit ist insbesondere bei Versuch 5 nicht zu erkennen. Hier hätte der Versuch noch länger beobachtet werden müssen.

Im Idealfall verläuft der Graph gegen Ende der Reaktion waagerecht, so wie dieses Bild zeigt:

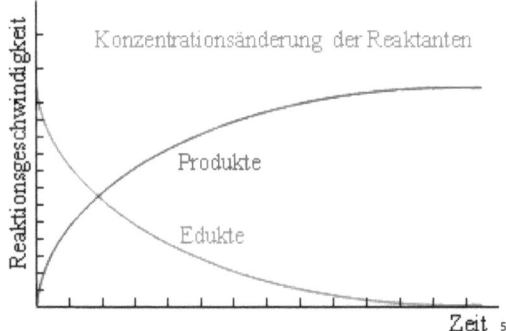

Die Messergebnisse lassen sich nicht nur graphisch, sondern auch rechnerisch auswerten. Eine Berechnung der Durchschnittsgeschwindigkeit wäre nicht sinnvoll, da man so keine Änderung der Geschwindigkeiten im Nachhinein betrachten lassen würden. Dies gelingt aber wenn wir die momentane Geschwindigkeit errechnen.

$$V_{mom} = \frac{m(t_2) - m(t_1)}{t_2 - t_1}$$

Beispielhaft führen wir dies für die Messungen von V3 durch:

$$V_{mom} = \frac{0,045\ g - 0\ g}{30\ s - 0\ s} = 0,0015\ {}^g/_s$$

$$V_{mom} = \frac{0,425\ g - 0,404\ g}{360\ s - 330\ s} = 0,0007\ {}^g/_s$$

Hierbei wurde nicht die direkt die Massenabnahme zur Rechnung benutzt, sondern die entgegenläufige Massenzunahme an Kohlenstoffdioxid.

5 http://www.zum.de/Faecher/Materialien/beck/chemkurs/cs11-20.htm, Zugriff am 28.November,2014

Didaktische Auswertung

Diese Versuche lassen sich in das Inhaltsfeld Stoff- und Energieumsätze bei chemischen Reaktionen (2) einordnen. In dieser frühen Lernphase kann verständlicher Weise nur auf die Grundlagen der chemischen Energie eingegangen werden. Das Gesetzt vom Erhalt der Masse und deren praktische Anwendung kann demonstriert werden.

Man kann diese Versuche als Nachweisexperiment bezüglich des Zerteilungsgrad anführen, oder aber als Messexperiment. Hierbei ist ein genaues und präzises Arbeiten erforderlich, welches in der Progressionsstufe 1 noch nicht von allen SuS zu erwarten ist.

Blaupause

„V5   Tauche ein Stück weißen Karton in [eine Lösung aus 2g rotem Blutlaugensalz (Kaliumhexacyanidoferrat(III)) $K_3[Fe(CN)_6$ und 2,5 g Ammoniumeisen (III)-citrat in 50 mL Wasser], lasse es gut abtropfen und bedecke den Karton mit Alufolie, in die du ein Muster geschnitten hast. Belichte ca. 5 Minuten auf dem Tageslichtprojektor. Tauche den Karton dann in eine Petrischale mit verdünnter Salzsäure."[6]

Beobachtung

Nach dem Belichten kommt ein gelbes Stück Filterpapier aus der Alufolie hervor. An den Stellen, wo wir Löcher in die Folie gestochen haben, ist eine satt blaue Färbung zu sehen. In der Salzsäure färbt sich das gesamte Filterpapier hell blau, wobei die tief dunklen Stellen unverändert bleiben. Die Lösung verfärbt sich auch entsprechend hell blau.

Fachliche Auswertung

Ein wichtiger Faktor in diesem Versuch ist die Aktivierungsenergie.

Eine chemische Reaktion benötigt zunächst Energie zum Auslösen. Diese wird als Aktivierungsenergie bezeichnet. Der Name kommt daher, dass die Ausgangsstoffe erst reaktionsbereit, sprich aktiv, gemacht werden müssen. Die Form dieser Energie kann Unterschiedlich sein. Oft kommt Hitze zum Einsatz, doch auch Licht oder Strom können genutzt werden.[7]

---

[6] Tausch, Sek.1, Seite 42
[7] Vgl. umwelt: Chemie, Seite 82

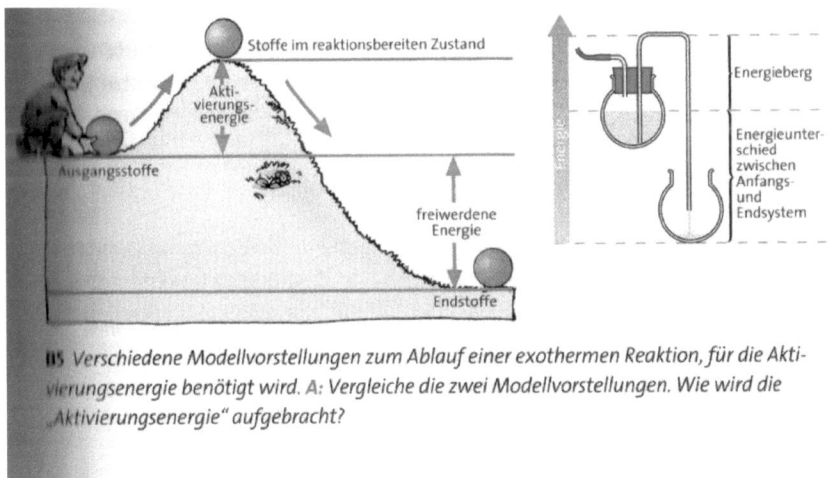

U5 *Verschiedene Modellvorstellungen zum Ablauf einer exothermen Reaktion, für die Aktivierungsenergie benötigt wird. A: Vergleiche die zwei Modellvorstellungen. Wie wird die „Aktivierungsenergie" aufgebracht?*

Man benötigt also eine bestimmte Menge Energie, um die Ausgangsstoffe in einen reaktionsbereiten Zustand zu bringen. Hierbei muss nicht diese Energie nicht allen Teilchen „extern" zugeführt werden. Es reicht aus wenn wir einem Teil der Edukte diese Zuführen. Wenn diese dann abreagieren wird Energie frei, welche weitere Edukt-Teilchen anregt.

Ist die frei werdende Energie, wie im Beispiel auf dem Bild, größer als die Aktivierungsenergie, spricht man von einer exothermen Reaktion.

Beim Blaupausen-Versuch haben wir Lichtenergie zum Aktivieren eingesetzt. Eine so gestartete Reaktion nennt man auch eine photochemische Reaktion. [9]

An den Stellen, die dem Licht des Projektors ausgesetzt waren ist die Aktivierungsenergie ausreichend, um Eisen(III)-Ionen des Ammoniumeisen(III)-citrats zu Eisen(II)-Ionen zu reduzieren. Diese bilden dann mit dem in Lösung befindlichen Blutlaugensalz Berlinerblau:

$$Fe^{3+}(aq) + e^- \rightarrow Fe^{2+}(aq)$$

$$Fe^{2+}(aq) + K_3[Fe(CN)_6](aq) \rightarrow 2K^+(aq) + K[Fe^{2+}/Fe^{3+}(CN)_6](aq)$$

Anschließend sorgt die Behandlung mit Salzsäure dafür, dass ein reagieren der gesamten Oberfläche des Filterpapiers verhindert wird. Das gebildete Berlinerblau ist säureresistent.

Die durch die Alufolie bedeckten Stellen erhielten keine Lichtenergie, und somit auch keine Aktivierungsenergie für diese Reaktion. Deshalb ist dort keine Blaufärbung zu auszumachen.

---

[8] Tausch, Sek 1 , Seite 43
[9] Vgl. Willner, Seite 313 - 316

Das Berliner Blau ist als Kristall aufgebaut. Jedes Eisen-Ion ist oktaedrisch von Cyanid-Liganden umgeben, und ist somit d^2sp^3 hybridisiert. **Die Farbigkeit ist auf den Charge-Transfer-Effekt des Komplexes.** Ein Teil der Lichtenergie bewirkt einen Ladungstransfer von den Fe^{2+}-Ionen zu den Fe^{3+}-Ionen.

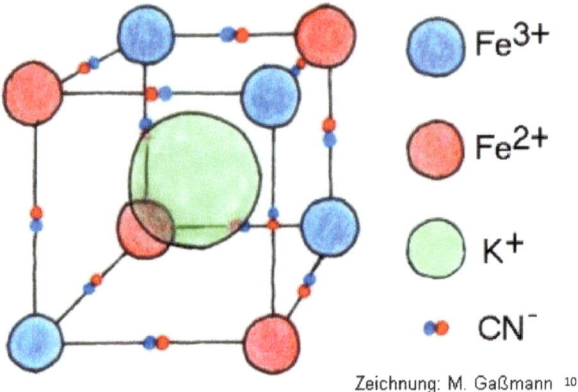

Zeichnung: M. Gaßmann [10]

Didaktische Auswertung

Die Aktivierungsenergie wird im Inhaltsfeld Stoff- und Energieumsätze bei chemischen Reaktionen (2) besprochen. Die SuS erkenne die Bedeutung dieser zum Auslösen einer chemischen Reaktion und können dies erläutern. Des Weiteren übt man mit ihnen den Umgang mit Energiediagrammen.

Dieser Versuch ist sehr anschaulich weswegen er als Modellexperiment einzustufen ist. Die Lösung sollte nur der Lehrperson zugänglich sein. Die benetzten Folien können dann von den Schülern verpackt und belichtet werden. Da meist nur ein Projektor, wenn überhaupt, zur Verfügung steht, ist hier die Disziplin der Klasse abzuwägen. Bei bedenken sollte auch dieser Versuch als Lehrerversuch durchgeführt werden.

---

[10] http://www.bautschweb.de/chemie/berliner.htm, Zugriff am 28.November 2014

Reaktionsenthalpie, -energie

„V2c   Miss die Temperatur der beiden Ausgangslösungen, ein molare Salzsäure und ein molare Natronlauge. Mische jeweils 10 mL der Lösungen und notiere erneut die Temperatur."[11]

„V2   Gib jeweils in ein Reagenzglas ca. 5 mm hoch Portionen folgender Salze: NaCl, $CaCl_2$, KNO_3, $CaCl_2*6H_2O$, $CuSO_4$ und $CuSO_4*5H_2O$. Fülle ein Becherglas mit Wasser und miss die Temperatur. Gib dann der Reihe nach in jedes der Reagenzgläser mit den Salzen bis zu 1/3 seiner Höhe Wasser, führe ein Thermometer ein, rühre vorsichtig und beobachte die Temperaturveränderung während des Lösevorgangs."[12]

„V2   Geben Sie in einen 500-mL-Erlenmeyerkolben je zwei Teelöffel $Ba(OH)_2*8H_2O$ und Ammoniumthiocyanat NH_4SCN und mischen Sie durch Schütteln gut durch. Beobachten Sie die Temperatur an der Wand des Kolbens durch Abtasten mit der Handfläche. Nach ca. 1 min prüfen Sie vorsichtig den Geruch an der Kolbenöffnung. Betrachten Sie den Kolbeninhalt. Nach erneut 2 min kratzen Sie den Belag von der Außenwand des Kolbens ab und beobachten in auf der Handfläche."[13]

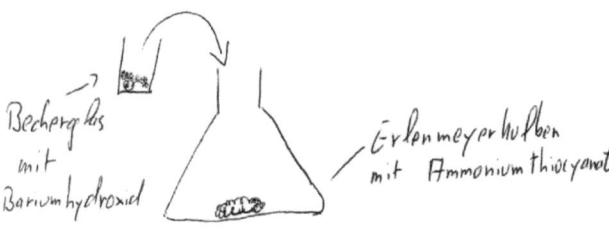

Becherglas
mit
Barium hydroxid

Erlenmeyer kolben
mit Ammonium thiocyanat

Beobachtungen

V2c   Die beiden Lösungen nehmen nach einiger Zeit eine konstante Temperatur von 21 °C an. Kurz nach dem durchmischen der beiden Lösungen ist die Temperatur auf konstante 25 °C gestiegen.

V2, Sek 1   Das Wasser hatte jeweils eine Ausgangstemperatur von 20 °C

Salz	NaCl	$CaCl_2$	KNO_3	$CaCl_2*6H_2O$	$CuSO_4$	$CuSO_4*5H_2O$
Temperatur in °C	19	23,5	17	18	21	19,5
Temperatur-Differenz in °C	-1	+3,5	-3	-2	1	-0,5

---

[11] Tausch, Sek. 1, Seite 180
[12] Tausch, Sek. 1, Seite 164
[13] Tausch, Sek. 2, Seite 98

V2, Sek 2   Der Erlenmeyerkolben wurde in kurzer Zeit sehr kalt. Es war ein unangenehm stechender Geruch wahrzunehmen. Das Reaktionsgemisch begann zu schmelzen und wurde zähflüssig und milchig weiß. An der Außenwand bildete sich ein weißer Beschlag, welcher auf der Hand schmolz und eine durchsichtige Flüssigkeit hinterließ.

Fachliche Auswertung

Wir unterscheiden zwei Arten von Reaktionswärmen. Die Reaktionsenergie, ΔU, wird bei konstantem Volumen gemessen und die Reaktionsenthalpie, ΔH, welche bei konstantem Druck gemessen wird.

Wir bereits am Delta festzumachen, ist der absolute Energiegehalt eines Systems nicht berechenbar. Wir geben also Enthalpie-Änderungen an, eine Differenz. Wir sprechen von einer exothermen Reaktion, wenn $\Delta H < 0$ und von einer endothermen Reaktion, wenn das Vorzeichen positiv ist, also $\Delta H > 0$ ist. Die Reaktionsenthalpie ist Wegunabhängig und hängt nur vom Ausgangs- und Endzustand eines Systems ab. Ihre Einheit ist $\frac{kJ}{mol}$.

Die Standard-Bildungsenthalpien kann man berechnen.

$$\Delta H^o_{Reaktion} = \sum \Delta H^o_{f,Produkte} - \sum \Delta H^o_{f,Edukte}$$

Die Werte für die entsprechenden Stoffe kann man aus Tabellenwerken entnehmen. Für die stabilste Modifikation eines Elements wurde der Wert per Definition auf null festgelegt, da absolute Enthalpie Werte nicht messbar sind.

Neben der Enthalpie ist auch die Entropie ein entscheidender Faktor bei der energetischen Betrachtung von Reaktion. Die Entropie ist ein Maß für die Unordnung in einem System. Jedes System strebt die Maximale Entropie und minimale Enthalpie an. Ein ungeordnetes System hat eine hohe Entropie.

Laut dem ersten Hauptsatz der Thermodynamik kann Energie weder vernichtet, noch erzeugt werden. Sie kann lediglich Umgewandelt werden. Wir ein Stoff erhitzt, setzt es diese in Schwingungsbewegungen, Rotationsbewegungen und Translationsbewegungen um. Die Einheit der Entropie ist $\frac{J}{K}$, am absoluten Nullpunkt ist auch die Entropie gleich null. Die Entropie berechnet sich wie folgt:

$$\Delta S_R = \sum S^o_{Produkte} - \sum S^o_{Edukte}$$

Auch diese Werte findet man in Tabellenwerken. Ist das Vorzeichen der Differenz positiv, nimmt die Entropie im Verlauf der Reaktion zu, ist es negativ, ab.

Eine Verknüpfung der Enthalpie und der Entropie stellt die Gibbs-Helmholtz-Gleichung dar.

$$\Delta G_R^{\circ} = \Delta H_R - T \cdot \Delta S_R$$

Wenn die freie Reaktionsenthalpie $\Delta G_R < 0$ ist, laufen Reaktion nach eventueller Zufuhr von Aktivierungsenergie freiwillig ab. Man bezeichnet diese als exergonische Reaktionen. Ist die freie Reaktionsenthalpie positiv, so läuft diese endergonische Reaktion nur bei ständiger Energiezufuhr ab, sie verläuft nicht spontan.

Im ersten Versuch reagiert Natronlauge und Salzsäure in einer Neutralisationsreaktion. Wie gemessen, verläuft diese unter Freisetzung von Wärme. Es handelt sich also um eine exotherme Reaktion.

$$NaOH\,(aq) + HCl\,(aq) \longrightarrow NaCl\,(aq) + H_2O\,(l)$$

Die freigesetzte Wärme lässt sich berechnen mit folgender Formel:

$$Q = m \cdot c \cdot \Delta T$$

$$\Delta T = T_2 - T_1$$

$$= 25°C - 21°C$$

$$= 4°C$$

Q steht hier für die Wärmeenergie, m für Masse, c die spezifische Wärmekapazität und ΔT steht für die Temperaturdifferenz.

Die spezifische Wärmekapazität gibt an wie viel Energie benötigt wird, um die Temperatur eines Stoffes um eine Einheit zu erhöhen. Wie Wärmekapazität von Wasser beträgt $4{,}184\,\frac{J}{mol \cdot K}$.

Wir haben insgesamt 20 mL wässrige Lösung verwendet.

13

$$Q = 20g \cdot 4,184 \frac{J}{g \cdot K} \cdot 4°C$$

$$= 334,72 \; J$$

$$1 \frac{mol}{L} \cdot 0,01 \; L = 0,1 \; mol$$

$$\Delta H_R = \frac{Q}{n}$$

$$= \frac{334,72 \; J}{0,1 \; mol} = -33472 \frac{J}{mol}$$

Das Negative-Vorzeichen beruht auf darauf, dass Energie freigeworden ist.

Im dritten Versuch konnten wir eine exergonische, endotherme Reaktion beobachten. Die Haupttriebkraft ist hierbei der Gewinn an Entropie. Aus zwei Feststoffen mit geringer Entropie eine Flüssigkeit und ein Gas, NH_3. Flüssigkeiten und Gase weisen hohe Entropie-Werte auf.

Die endotherme Reaktion konnte man durch das starke Abkühlen des Erlenmeyerkolbens verifizieren. Es bildete sich sogar eine dünne Schicht aus Eis an der Außenwand.

Folgende Reaktion lief ab:

$$Ba(OH)_2 \cdot 8H_2O \; (s) + 2 \; (NH_4)SCN(s) \rightarrow 2 \; NH_3 \; (g) + 10 \; H_2O \; (l) + Ba^{2+}(aq) + 2 \; SCN^-(aq)$$

Beim Lösen von Salzen mit Wasserlagern sich die Wassermoleküle als Dipole an die Oberfläche und Kanten des Ionengitters des Salzes an. Diese Ion-Dipol-Wechselwirkung am Rande des Ionengitters sorgt dafür, dass nun Ionen aus dem Gitter herausgelöst werden und von mehreren Wassermolekülen umschlossen wird. Dies nennt man Hydrathülle. Hierbei wird Energie frei, die Hydrationsenergie. Sie gibt ein Maß für die Neigung der Ionen, sich mit Wassermolekülen zu verbinden. Neben der durch die Hydratation gewonnene Energie, wird auch Energie verbraucht, nämlich genau so viel, um die Ionen aus dem Gitterverband zu lösen. Diese Energie bezeichnet man als Gitterenergie.

Ist die gewonnene Hydrationsenergie deutlich größer als die Gitterenergie, so erwärmt sich die Lösung. Man spricht von Lösungswärme.

Ein Abkühlen der Lösung ist zu beobachten, wenn die Hydrationsenergie nicht ganz ausreicht, um die Ionen zu lösen. Die noch benötigte Energie wird in Form von Wärme aus der Umgebung genutzt. Ist die Differenz zu groß, löst sich der entsprechende Stoff gar nicht in Wasser.[14]

---

[14] Vgl http://www.chemie-schule.de/chemieAnorganische/anKap6-33-das-loesen-von-salzen.php Zugriff am 2.Dezember 2014

NaCl	Hydratisierungsenergie < Gitterenergie = Abkühlung
CaCl$_2$	Hydratisierungsenergie > Gitterenergie = Erwärmung
KNO$_3$	Hydratisierungsenergie < Gitterenergie = Abkühlung
CaCl$_2$*6H$_2$O	Hydratisierungsenergie < Gitterenergie = Abkühlung
CuSO$_4$	Hydratisierungsenergie > Gitterenergie = Erwärmung
CuSO$_4$*5H$_2$O	Hydratisierungsenergie ≈ Gitterenergie

Didaktische Auswertung

Diese Versuche könnte man im Inhaltsfeld Stoffe und Stoffeigenschaften (1), wenn auch nur begrenzt, durchführen oder zum späteren Zeitpunkt im Inhaltsfeld 6, Säuren, Laugen, Salze. Hierbei ist den Schülern zu vermitteln, wie man dem Modell der Teilchenvorstellung den Lösungsvorgang von Salzen in Wasser erklären kann. Ebenso wir hier das Basiskonzept der Energie, die Wärme eingeführt. Die Messergebnisse können in einem vorgegebenen Koordinatensystem eingetragen werden, um bereits hier einen Grundstein in der Ergebnissicherung und Protokoll Führung zu legen. Um ein korrektes Arbeiten zu üben, sollte insbesondere der Lösungsvorgang von den Schüler selbst erfahren und beobachtet werden. Somit ist es als Schülerversuch durchzuführen und als Messexperiment einzuordnen. Die detaillierte Betrachtung der Enthalpie und der Entropie können natürlich in diesem frühen Stadium des Chemieunterrichts nicht durchgeführt werden.

Gerade der dritte Versuch passt gut in das Inhaltsfeld Stoff- und Energieumsätze bei chemischen Reaktionen (2), um die Begriffe der Aktivierungsenergie, exotherme und endotherme Reaktion einzuführen. Aufgrund der großen Kälte die hierbei entsteht und der simplen Versuchsdurchführung wird die Neugier der SuS geweckt. Ich würde es als Einstiegsexperiment zu diesem Thema einordnen. Am wirkungsvollsten scheint es wohl als Lehrerexperiment zu sein, um die volle Aufmerksamkeit zu erhalten. Ob man das Becherglas dann am Tisch festfrieren lässt, oder den Schülern in die Hand gibt ist dabei nebensächlich, da der Überraschungseffekt hier im Vordergrund steht.

Chemisches Gleichgewicht und Prinzip von Le Châtelier

„Zunächst werden je 500 ml Eisen(III)-chlorid-Lösung (c = 0,004 mol/L) und Kaliumthiocyanat-Lösung (c = 0,012 mol/L) hergestellt. Hierzu löst man 2 mmol (0,54 g) FeCl3·6H2O bzw. 6 mmol (0,583 g) Kaliumthiocyanat KSCN in jeweils etwas Wasser, und füllt das Volumen auf 500 mL auf.

Die Lösungen werden dann vereinigt und auf die Gruppen aufgeteilt. Jede Gruppe teilt ihre Lösung auf fünf kleinere Zylinder (oder Reagenzgläser) auf und verfährt damit wie folgt:

Nr. 1: Vergleichslösung

Nr. 2: Zugabe einiger Eisen(III)-chlorid-Kristalle

Nr. 3: Zugabe einiger Kaliumthiocyanat-Kristalle

Nr. 4: Zugabe einiger ml Silbernitrat-Lösung

Nr. 5: Zugabe einiger ml Natronlauge"[15]

Beobachtung

Die Vergleichslösung hat eine blutrote Farbe.

Durch die Zugabe einiger Eisen(III)-chlorid-Kristalle wird die Rotfärbung noch deutlich intensiver. Die Lösung erscheint beinahe schwarz.

Eine ähnliche Farbänderung tritt bei Zugabe einiger Kaliumthiocyanat-Kristalle auf.

Die Silbernitrat-Lösung entfärbt die Lösung. Es fällt ein weißer Stoff aus.

Auch die Zugabe von Natronlauge entfärbt die Lösung. Sie erscheint noch etwas hellgelb.

Fachliche Auswertung

Die angesetzte Lösung aus Eisen(III)-chlorid und Kaliumthiocyanat bildet mit Eisenisothiocyanat und Kaliumchlorid eine reversible chemische Reaktion, oder auch eine Gleichgewichtsreaktion. Dieses Gleichgewicht ist ein dynamisches. Es reagieren ständig Edukte zu Produkte, und Produkte zerfallen wieder in die entsprechenden Edukte. Ein Gleichgewicht ist erreicht, wenn die Hinreaktion genauso schnell verläuft wie die Rückreaktion.

$$FeCl_3\,(aq) + 3\,KSCN\,(aq) \rightleftharpoons Fe(SCN)_3\,(aq) + 3\,KCl\,(aq)$$

Beim Mischen der beiden Lösungen liegen nur Edukte vor, die miteinander reagieren können. Die Hinreaktion verläuft zunächst schnell. Mit abnehmender Konzentration der Edukte nimmt die

---

[15] Vgl. SOE 1 Vorschrift 2014

Reaktionsgeschwindigkeit ab. Die Rückreaktion kann beginnen, sobald die ersten Produktteilchen gebildet wurden. Diese läuft aufgrund der zunächst sehr geringen Konzentration langsam ab. Wird mehr Produkt gebildet, so läuft auf die Rückreaktion schneller ab.

Nach einiger Zeit verlaufen beide Reaktionen gleich schnell. Es stellt sich ein chemisches Gleichgewicht ein. Die Konzentration der beteiligten Stoffe bleibt nun konstant, wobei dies nicht mit einem Stillstand der Reaktion zu verwechseln ist.

Ein Maß für das chemische Gleichgewicht ist [K], die sogenannte Gleichgewichtskonstante. Diese gibt Auskunft darüber, auf welcher Seite das Gleichgewicht liegt.

$$K = \frac{c^x(X) \cdot c^z(Z)}{c^a(A) \cdot c^b(B)}$$

Für eine Reaktion:

$$aA + bB \rightleftharpoons xX + zZ$$

Ist K = 0 liegt ein Gleichgewicht vor

Ist K > 0 überwiegt die Hinreaktion

Ist K < 0 überwiegt die Rückreaktion

Ein Gleichgewicht kann man auf viele Weise manipulieren.

1. Eine Temperatur Erhöhung begünstigt die endotherme Reaktion, eine Verringerung die exotherme Reaktion.
2. Eine Druck Erhöhung begünstigt Gasreaktionen, die unter Volumenabnahme verlaufen.
3. Konzentrationsänderungen. Erhöhung der Ausbeute durch Einsatz eines Edukts im Überschuss oder durch Entfernen eines Produkts.

In Reagenzglas Nummer 2 und 3 wird die Konzentration eines Edukts erhöht, was dazu führt, dass das Gleichgewicht auf die Produkt Seite ausweicht. Es bildet sich noch mehr rotes Eisenisothiocyanat, wodurch die Lösung eine noch sattere Farbe annimmt.

In Reagenzglas Nummer 4 entfernen wir durch die Zugabe von der Silbernitrat-Lösung das Produkt, da dieses nun weiter reagiert. Da bald kein Eisenisothiocyanat mehr vorhanden ist, entfärbt sich auch die Lösung. Der weiße Niederschlag ist das neu entstandene Silberthiocyanat, welches nur schwerlöslich ist.

$$Fe(SCN)_3 (aq) + 3 \, AgNO_3 (aq) \rightleftharpoons 3 \, AgSCN(s) + Fe(NO_3)_3 (aq)$$

Durch die Zugabe von Natronlauge in Versuch 5 verschiebt sich das Gleichgewicht auf die Seite der Edukte. Die Rückreaktion überwiegt.

$$Fe(SCN)_3 (aq) + 3 \, NaOH (aq) \rightleftharpoons Fe(OH)_3 (aq) + 3 \, NaSCN (aq)$$

Didaktische Auswertung

Gleichgewichtsreaktionen sind nicht im Lehrplan vorgesehen.

Diese Versuchsreihe kann als Schülerexperiment, als Nachweisexperiment zur Lage des Gleichgewichts, an geeigneter Stelle, zum Beispiel in der Sekundarstufe 2, durchgeführt werden.

Thermochromes Gleichgewicht

„1.   In einem 200-ml-Erlenmeyerkolben werden 2,4 g Cobalt(II)-chlorid $CoCl_2 \cdot 6H_2O$ in einem Gemisch aus 30 ml Wasser und 30 ml Aceton gelöst. Man erwärmt die Lösung auf der Heizplatte auf 50°C und tropft so viel konzentrierte Salzsäure dazu, bis die Lösung blau wird. Dann kühlt man die Lösung unter fließendem Wasser ab. Die Lösung wird erneut auf 50°C erwärmt.

2.   Mit der auf Raumtemperatur abgekühlten Lösung aus V 99.1 wird auf ein Filterpapier geschrieben. Man trocknet das Papier durch Schwenken an der Luft. Kann man das Geschriebene lesen? Man erwärmt das Papier vorsichtig über der Heizplatte oder über der Feuerzeugflamme."[16]

Beobachtung

Die Lösung färbt sich durch die konzentrierte Salzsäure blau. Kühlt man diese nun ab, schlägt das blau um Lila/Rot. Durch erneutes Erhitzen kommt wieder die blaue Färbung zum Vorschein.

Schreibt man mit der lila Lösung auf ein Filterpapier und lässt dieses Trocknen, so dieses kaum sichtbar. Lediglich ein paar lilafarbene Spuren sind zu erkennen. Erhitzt man das Filterpapier nun Vorsichtig, verfärben sich die zuvor beschriebenen Stellen. Es ist eine in blau geschriebene Schrift lesbar. Erhitzt man das Papier nicht mehr, so verschwindet auch die blaue Farbe wieder.

---

[16] Vgl. SOE 1 Vorschrift 2014

Fachlich Auswertung

Als Thermochromie bezeichnet man eine reversible Farbänderung durch Temperaturveränderung. Ähnlich wie beim zuvor besprochenen „chemischen Gleichgewicht", ist dieser Farbumschlag folge einer Verschiebung der Lage des Gleichgewichts. Folgende Reaktion spielt sich ab:

$$[Co(H_2O)_6]^{2+} (aq) + 4\,Cl^- (aq) \underset{\Delta T \downarrow}{\overset{\Delta T \uparrow}{\rightleftharpoons}} [CoCl_4]^{2-} (aq) + 6\,H_2O\,(l)$$

Die Wärmezufuhr begünstigt die endotherme Hinreaktion. Die Temperaturerhöhung übt also einen Zwang auf das System aus, welches entsprechend ausweicht. Das Gleichgewicht verschiebt sich auf die Seite der Diaquatetrachlor(II)–Ionen, welche für die Blaufärbung verantwortlich sind.

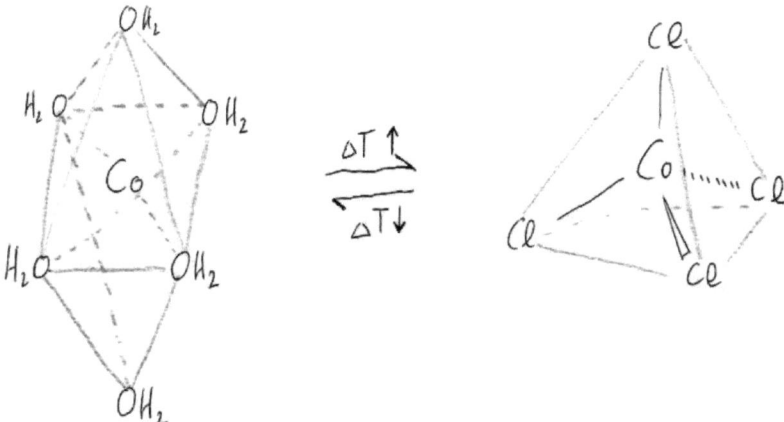

Die Farbigkeit der Komplexe ist mithilfe der Liganden-Feldtheorie zu erklären. Diese berücksichtigt die Wechselwirkungen von Liganden mit den d-Elektronen des Zentralatoms. Die Theorie ist eine reine Vorstellung, die auf elektrostatische Anziehungs- und Abstoßungseffekte basiert.

Die fünf d-Orbitale von Co^{3+} sind im isolierten Zustand entartet. Ein Komplex mit diesem Übergangmetall und 6 oktaedrisch angeordneten Liganden sorgt jedoch aufgrund von elektrostatischen Abstoßungseffekten dafür, dass die Orbitale nicht mehr gleichwertig sind. Es kommt zu einer Aufspaltung. Die energetisch höher liegende Orbitale werden eg-Orbitale genannt, die günstigeren t2g-Orbitale. Die Energiedifferenz dieser Orbitale ist sehr klein. Um ein Elektron anzuregen ist so viel Energie nötig, welches dem sichtbaren Wellenlängenbereichs des Lichts entspricht.[17]

---

[17] Vgl. Repetitorium, Seite 146 bis 152

Didaktische Auswertung

Wenn man dieses Themenfeld zuordnen müsste, kann man es ins Inhaltsfeld Elemente und ihre Ordnung (5) packen. Hier kann man auf die Energiezustände und damit die Farbigkeit ansprechen. Dies ist jedoch nur in einem minimalen Ausmaße möglich, da dieses Inhaltsfeld sich hauptsächlich mit dem Periodensystem beschäftigt. Hierbei ist anzumerken, dass die Liganden-Feldtheorie nicht Thema des Schulunterrichts ist. Selbst der Studiengang für angehende Lehrer mit Perspektive HRGe sieht dieses Thema nicht in der Studienordnung vor, da hierfür die Vorlesung Anorganische Chemie 2 nicht benötigt wird.

Der Versuch selber ist schnell zu demonstrieren. Die Lösung ist lange haltbar und ist sicher vom Lehrer zu handhaben. Die Temperaturen die benötigt werden sind moderat. Es eignet sich als Modellexperiment zum veranschaulichen von theoretischen Begriffen, Konzepten und Modellen.

Zersetzung von H_2O_2

„V2   Fülle in vier 250-mL-Bechergläser (hohe Form) jeweils ca. 40 mL Wasserstoffperoxid-Lösung, w = 15 %, und führe im Gasraum des ersten Becherglases die Glimmspannprobe sofort durch. Lege dann ein Uhrglas auf die Öffnung des Becherglases und wiederhole nach 5 min die Glimmspannprobe. In das zweite Becherglas gibst du eine Spatelspitze Braunsteinpulver, in das dritte 5 mL einer konzentrierten Kaliumiodid-Lösung. Führe dann auch im zweiten und dritten Becherglas die Glimmspannprobe durch. Erhitze das vierte Becherglas kurz über der Brennerflamme und führe dann die Glimmspannprobe durch."[18]

---

[18] Tausch, Sek. 1, Seite 244

„Elefantenzahnpasta:

In einen Standzylinder, der in einer Wanne steht, gibt man etwas Spülmittel und etwa 5 mL einer konzentrierten Kaliumiodid-Lösung (w = 2 %). Dazu gießt man langsam ca. 10 mL einer 30 %igen-Wasserstoffperoxid-Lösung."[19]

Beobachtungen

Im ersten Becherglas verläuft die Glimmspannprobe negativ. Im vierten, welches erhitzt wird verläuft sie positiv.

Unter Zugabe von Braunstein, Mangandioxid MnO_2, beginnt das Gemisch heftig an zu schäumen und es steigt Gas auf. Die Lösung zeigte ein zwei Phasen Gemisch. Unten war eine durchsichtige Flüssigkeit. Oben darauf eine schwarze. Der Glimmspann entzündete sich mit großer Flamme.

Die Zugabe von konzentrierter Kaliumiodid-Lösung entspricht der Beobachtung des Versuchs „Elefantenzahnpasta".

Die Zugabe der Kaliumiodid-Lösung verursacht eine heftige Reaktion. Es schäumt so stark auf, dass das Gemisch überläuft. Eine starke Gasentwicklung ist zu beobachten. Die Glimmspannprobe ist positiv.

Fachliche Auswertung

Diese Experimente zeigen uns wie wir eine Reaktion mithilfe von Katalysatoren beschleunigen können. Es findet folgende Reaktion statt:

$$2\ H_2O_2\ (aq) \xrightarrow{Kl\ oder\ MnO_2} 2\ H_2O\ (l) + O_2\ (g)$$

Allgemein lässt sich eine katalysierte Reaktion folgendermaßen darstellen:

$$A + Kat \rightarrow AKat$$

$$AKat + X \rightarrow AX + Kat$$

---

[19] SOE 1 Vorschrift 2014

Eine katalysierte Reaktion verläuft also über einen anderen Mechanismus. Der Katalysator ist direkt an der Reaktion beteiligt, wird aber selbst nicht verbraucht, da er am Ende der Reaktion unverändert wieder vorliegt. Es wird somit die Kinetik der Reaktion verändert, aber nicht die Thermodynamik.

Der Katalysator beschleunigt eine Reaktion durch herabsetzten der Aktivierungsenergie. In unseren Versuchen dienen sowohl das Manganoxid, wie auch das Kaliumiodid als Katalysator. Das Wasserstoffperoxid zersetzt sich in Wasser und Sauerstoff. Dies würde auch ohne den Einsatz der Katalysatoren stattfinden, jedoch sehr langsam. Wie im vierten Becherglas gezeigt, zersetzt sich das Wasserstoffperoxid unter höheren Temperaturen schneller.

Da Manganoxid ein Feststoff ist, und Wasserstoffperoxid eine Lösung, spricht man hier von einer heterogenen Katalyse. Kaliumiodid und Wasserstoffperoxid haben denselben Aggregatzustand. Hier spricht man von einer homogenen Katalyse.

Didaktische Auswertung

Was ein Katalysator ist und wie er funktioniert wird in der Progressionsstufe zwei, im Inhaltsfeld 8, Stoffe als Energieträger, behandelt.

Das Experiment ist vom Lehrer als Einstiegs- oder Modellexperiment durchzuführen. Es sollte darauf geachtet werden, sich hier nicht verleitet zu lassen und den Aufbau und die Mengen zu groß werden zu lassen. Der Versuch zeigt schon in kleinsten Mengen wie Wirkungsvoll Katalysatoren sind. Die SuS erleben ein packendes Phänomen der Natur.

Spezielle didaktische Fragen

1. Worin unterscheidet sich der Versuch von den Versuchen Sek.1 S.36 V2-V3? Welche Erkenntnis steht beim Einsatz im Chemieanfangsunterricht im Vordergrund?
2. Warum ist die Neutralisationsreaktion bestens für die Bestimmung der Reaktionsenthalpie geeignet?

Zu 1: In den Versuchen wird die Aktivierungsenergie in Form von Wärme, mithilfe eines Brenners zugeführt. Beim Blaupausenversuch nutzen wir das Licht. Im Vordergrund steht die Erkenntnis, dass eine Energie zugeführt werden muss. Um die SuS aus den gewohnten Muster herauszureißen, nutzen wir eine für die ungewohnte Energieform.

Zu 2: Die Neutralisation ist den SuS bereits bekannt, so kann man den Focus auf das wesentliche lenken. Die Reaktionswärme entspricht der Wärme Q, die von der Lösung übernommen worden ist. Zudem ist der Versuch kostengünstig, leicht durchzuführen, nicht zeitaufwendig und sehr zuverlässig.

BEI GRIN MACHT SICH IHR WISSEN BEZAHLT

- Wir veröffentlichen Ihre Hausarbeit, Bachelor- und Masterarbeit

- Ihr eigenes eBook und Buch - weltweit in allen wichtigen Shops

- Verdienen Sie an jedem Verkauf

Jetzt bei www.GRIN.com hochladen und kostenlos publizieren